Jens Amberg

CAN-Bus Tester mit C505 Mikrocontroller

GRIN Verlag

Bibliografische Information der Deutschen Nationalbibliothek:

Die Deutsche Bibliothek verzeichnet diese Publikation in der Deutschen National-bibliografie; detaillierte bibliografische Daten sind im Internet über http://dnb.d-nb.de/ abrufbar.

Impressum:

Copyright © 2006 GRIN Verlag GmbH
Druck und Bindung: Books on Demand GmbH, Norderstedt Germany
ISBN: 978-3-640-79082-1

Dieses Buch bei GRIN:

http://www.grin.com/de/e-book/163963/can-bus-tester-mit-c505-mikrocontroller

GRIN - Your knowledge has value

Der GRIN Verlag publiziert seit 1998 wissenschaftliche Arbeiten von Studenten, Hochschullehrern und anderen Akademikern als eBook und gedrucktes Buch. Die Verlagswebsite www.grin.com ist die ideale Plattform zur Veröffentlichung von Hausarbeiten, Abschlussarbeiten, wissenschaftlichen Aufsätzen, Dissertationen und Fachbüchern.

Besuchen Sie uns im Internet:

http://www.grin.com/

http://www.facebook.com/grincom

http://www.twitter.com/grin_com

„Dokumentation Studienarbeit CAN-Tester"

Jens Amberg

Inhaltsverzeichnis:

Tabellen- und Bildverzeichnis:

1 Einleitung

In dieser Studienarbeit galt es einen CAN - Tester zu entwickeln.
Zu Verfügung Stand bereits ein Einplatinenrechner, welcher über einen
Mikrocontroller der Firma Siemens dem C505C besitzt. Der C505C beinhaltet einen
Full-CAN-Controller der sämtliche CAN Funktionen zu Verfügung stellt. Im weiteren
Verlauf wird dieser Einplatinenrechner C505C Board genannt.
Um die gewünschten Funktionalitäten zu erreichen musste, eine zweite Platine
entworfen werden, welche im weiteren Verlauf „PLD Platine" genannt wird.
Des Weiteren musste für das C505C Board sowie auch für die PLD Platine
angepasste Software entwickelt werden.
In diesem Dokument wird die Entwicklung der PLD Platine sowie die Software für
das C505C Board und der PLD Platine beschrieben.
Am Ende der Dokumentation erfolgt eine Funktionsbeschreibung der kompletten
Hardware.

Dabei werden bei der Dokumentation systematisch die einzelnen Schritte erläutert.
Das heißt es wird erst das Konzept vorgestellt.
Danach wird eine Zusammenfassung über die vorhandene Hardware gegeben dem
C505C Board. Des Weiteren wird die Hardwareentwicklung der PLD Platine
beschrieben.
Nachdem wird jeweils die Software für die PLD Platine und des C505C Boards
beschrieben.
In dieser Abfolge wurde dieses Projekt auch durchgeführt.

2 Konzept

Zu Beginn der Entwicklung wurde ein erstes Konzept für den CAN Tester vorgelegt. Dieses Konzept beinhaltet kurz die Funktionalität des zu entwerfenden CAN – Testers.

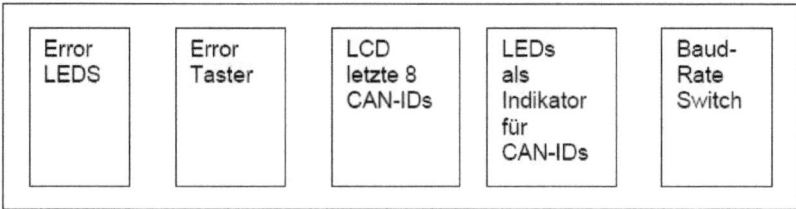

Bild 1 : Aufbau des CAN Testers

In Bild1 ist ein vorgeschlagener schematischer Aufbau des CAN Testers zu sehen.

Folgende Funktionalitäten sollen realisiert werden:

Teilnehmer am CAN-Bus
Transparenter Empfänger für alle Identifier
Anzeige der letzten 8 Identifier auf LCD
LEDs für wiederholte Identifier
Einstellbare Baudrate
Indikator-LEDs für erkannte Fehler
Taster zur Erzeugung von Fehler-Messages

3 Analyse der vorhandenen Hardware

Zu Beginn der Entwicklung wurde als erstes eine Durchführbarkeitsanalyse gemacht. Dabei wurde untersucht, wie das in Abschnitt 2 beschriebene Konzept am besten zu bewerkstelligen ist.
Es musste untersucht werden, welche Möglichkeiten bestehen, um mit dem C505C Board externe Hardware anzusteuern und welche Komponenten nötig sind, um Vorgänge auf dem CAN Bus zu visualisieren.

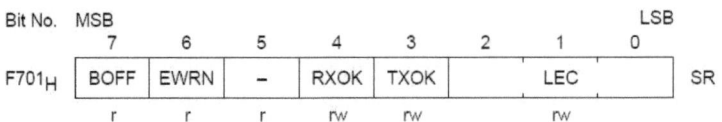

CAN Status Register SR (Address F701$_H$)   Reset Value : XX$_H$

Bit No.	MSB							LSB	
	7	6	5	4	3	2	1	0	
F701$_H$	BOFF	EWRN	–	RXOK	TXOK	LEC			SR
	r	r	r	rw	rw	rw			

Bit	Function
BOFF	Busoff status Indicates when the CAN controller is in busoff state (see EML).
EWRN	Error warning status Indicates that at least one of the error counters in the EML has reached the error warning limit of 96.
RXOK	Received message successfully Indicates that a message has been received successfully, since this bit was last reset by the CPU (the CAN controller does not reset this bit!).
TXOK	Transmitted message successfully Indicates that a message has been transmitted successfully (error free and acknowledged by at least one other node), since this bit was last reset by the CPU (the CAN controller does not reset this bit!).

Bild 2 : Auszug aus dem C505C Datenblatt

In Bild 2 ist ein Auszug aus dem C505C Datenblatt zu sehen. Dort wird das SR(Status Register) des CAN Controllers beschrieben.
In diesem 8-Bit Register, sind die Fehler, welche auf dem CAN Bus entstehen und der Status herauslesbar.
In den untersten 3 Bits des Registers sind die Fehler codiert und in den nachfolgende 5 Bits der aktuelle Buszustand.
Daraus ergibt sich eine Anzahl von 8 LEDs die benötigt werden, um Fehler des CAN Buses darzustellen bzw. den aktuellen Status des Buses zu zeigen.
Im folgenden Auszug, Bild3, aus dem C505C Datenblatt werden die untersten 3 Bits näher erläutert.

Bit	Function
LEC	Last error code This field holds a code which indicates the type of the last error occurred on the CAN bus. If a message has been transferred (reception or transmission) without error, this field will be cleared. Code "7" is unused and may be written by the microcontroller to check for updates.

LEC2-0			Error	Description
0	0	0	No Error	–
0	0	1	Stuff Error	More than 5 equal bits in a sequence have occurred in a part of a received message where this is not allowed.
0	1	0	Form Error	A fixed format part of a received frame has the wrong format
0	1	1	Ack Error	The message this CAN controller transmitted was not acknowledged by another node.
1	0	0	Bit1 Error	During the transmission of a message (with the exception of the arbitration field), the device wanted to send a recessive level ("1"), but the monitored bus value was dominant.
1	0	1	Bit0 Error	During the transmission of a message (or acknowledge bit, active error flag, or overload flag), the device wanted to send a dominant level ("0"), but the monitored bus value was recessive. During busoff recovery this status is set each time a sequence of 11 recessive bits has been monitored. This enables the microcontroller to monitor the proceeding of the busoff recovery sequence (indicating the bus is not stuck at dominant or continously disturbed).
1	1	0	CRC Error	The CRC check sum was incorrect in the message received.

Bild 3 : CAN Bus Fehler

Des Weiteren werden 8 Leds benötigt um die letzten Identifier auf dem CAN Bus zu zeigen. Um zu zeigen, welcher Identifier zu welchem LED gehört, soll mit Hilfe eines 4x16 Text LC-Displays geschehen. Ebenso muss auch noch die Umschaltung der Baudrate und die Erzeugung von Testmessages realisiert werden. Aufgrund dessen wurden zusätzlich 8 Taster eingeplant.

Damit 16 LEDs, 8 Taster und ein 4x16 LC-Display angesteuert werden können, benötigt man 35 I/O Leitungen.
16 I/O Leitungen für die 16 LEDs, 8 I/O Leitungen für die 8 Taster.
Für ein LCD benötigt man 8 I/O Leitungen für den 8 Bit Datenbus und 3 Steuerleitungen.
Dies ergibt insgesamt 35 I/O Leitungen.

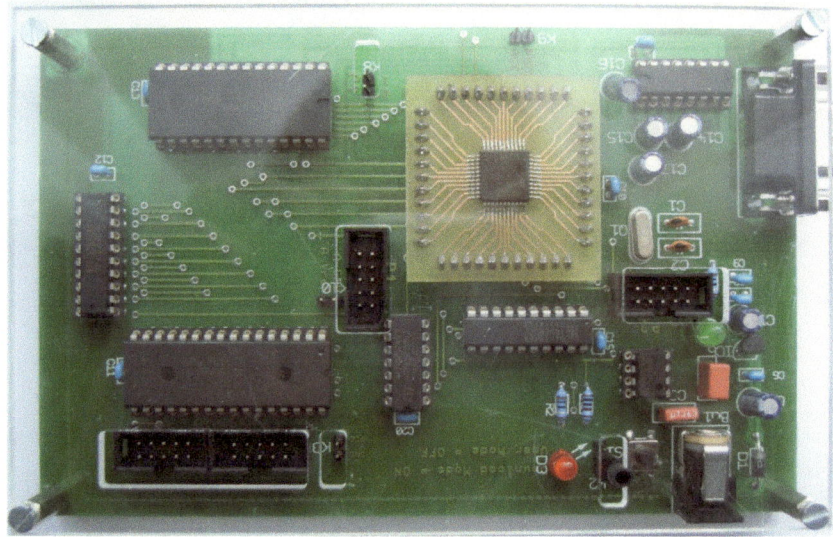

Bild 4 : C505C Board

Da auf dem C505C Board, in Bild 4 dargestellt, nur 14 freie I/O Leitungen zu Verfügung stehen, musste auf der PLD Platine entsprechende Vorkehrungen getroffen werden, damit die Daten seriell übertragen werden können.
Ebenso muss auf der PLD Platine der Leitungstreiber für den CAN Bus untergebracht werden, da dieser nicht auf dem C505C Board vorhanden ist.

4 Entwicklung der PLD Platine

4.1 Beschreibung des PLD´s EPM7128SLC84-10

Wie bereits in Abschnitt 3 beschrieben, wird eine Platine benötigt die einen seriellen
Datenstrom empfangen kann sowie auch senden kann, damit die LEDs, die Taster
und das LCD gesteuert werden können.
Um dies zu realisieren wurde auf der PLD Platine ein PLD von der Firma Altera vom
Typ EPM7128SLC84-10 aus der MAX7000 Serie verwendet.
In Bild 5 ist ein Abschnitt aus dem Schaltplan der PLD Platine ersichtlich, wo der
PLD(IC1) dargestellt ist.

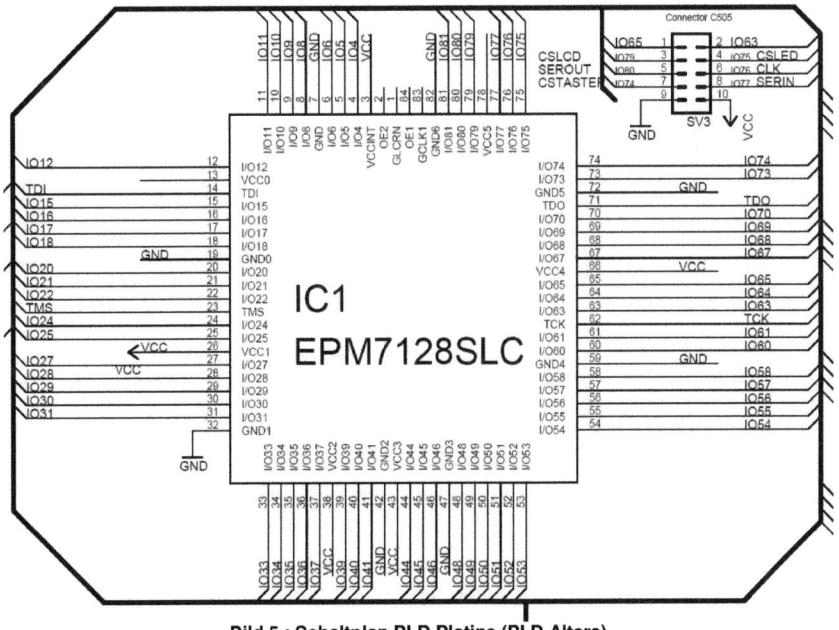

Bild 5 : Schaltplan PLD Platine (PLD Altera)

Die wichtigsten Eigenschaften des PLD sind in den folgenden Tabellen 1 & 2
aufgelistet.

Tabelle 1 : MAX7000 Features

Feature	EPM7032S	EPM7064S	EPM7128S	EPM7160S	EPM7192S	EPM7256S
Usable gates	600	1,250	2,500	3,200	3,750	5,000
Macrocells	32	64	128	160	192	256
Logic array blocks	2	4	8	10	12	16
Maximum user I/O pins	36	68	100	104	124	164
t_{PD} (ns)	5	5	6	6	7.5	7.5
t_{SU} (ns)	2.9	2.9	3.4	3.4	4.1	3.9
t_{FSU} (ns)	2.5	2.5	2.5	2.5	3	3
t_{CO1} (ns)	3.2	3.2	4	3.9	4.7	4.7
f_{CNT} (MHz)	175.4	175.4	147.1	149.3	125.0	128.2

Tabelle 2 : MAX7000 User I/O Pins

Device	44-Pin PLCC	44-Pin PQFP	44-Pin TQFP	68-Pin PLCC	84-Pin PLCC	100-Pin PQFP	100-Pin TQFP	160-Pin PQFP	160-Pin PGA	192-Pin PGA	208-Pin PQFP	208-Pin RQFP
EPM7032	36	36	36									
EPM7032S	36		36									
EPM7064	36		36	52	68	68						
EPM7064S	36		36		68		68					
EPM7096				52	64	76						
EPM7128E					68	84		100				
EPM7128S					68	84	84 (2)	100				
EPM7160E					64	84		104				
EPM7160S					64		84 (2)	104				
EPM7192E								124	124			
EPM7192S								124				
EPM7256E								132 (2)		164		164
EPM7256S											164 (2)	164

Aus den Tabellen 1 und 2 ist ersichtlich, das der verwendete Typ über genügend I/O Leitungen zum Ansteuern der Hardware verfügt.
Ebenso ist aus der Angabe f_{CNT}(MHz) zu erkennen, dass dieses PLD ausreichend Geschwindigkeit zur Aufnahme von Daten vom C505C Board besitzt, da dieses lediglich mit 12 MHz Taktfrequenz arbeitet.

Ebenso ist in Bild 5 die Pfostenwanne SV3 ersichtlich. Mit dieser Pfostenwanne wird verpolungssicher die Verbindung zum C505C Board erreicht.
Über diesen Steckerkontakt werden die seriellen Daten übermittelt sowie die CSEL Signale für die einzelnen Hardwarekomponente sprich LCD, Taster und LEDs.

4.2 CAN-Bus Leitungstreiber

Auf der PLD Platine wurde der Leitungstreiber für den CAN Bus implementiert.
Es wurde ein Leitungstreiber der Firma Philips vom Typ PCA82C250 gewählt,
welcher eine Übertragungsgeschwindigkeit von 1 MBits/s erlaubt.
Der Anschluss ist im nachfolgenden Bild 6 zu sehen.

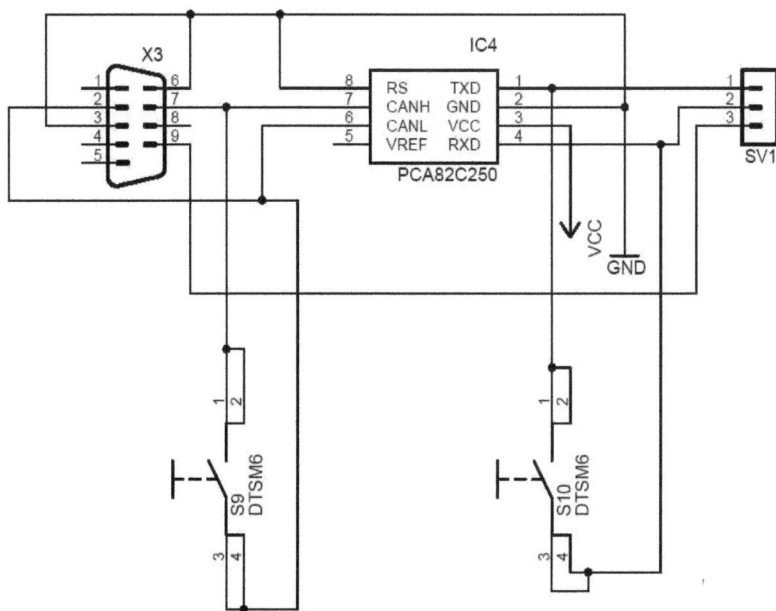

Bild 6 : CAN Leitungstreiber

IC4 ist der Leitungstreiber für den CAN Bus. X3 ist ein 9poliger SUB-D Stecker.
Damit ist es möglich die PLD Platine direkt an den CAN Bus zu koppeln.
Mit der Stiftleiste SV1 werden die Signale TXD und RXD auf das C505C Board
geführt. Mit dem Taster S9 und S10 könne Kurzschlüsse auf dem CAN Bus
verursacht werden.

4.3 Programmierbare Taster

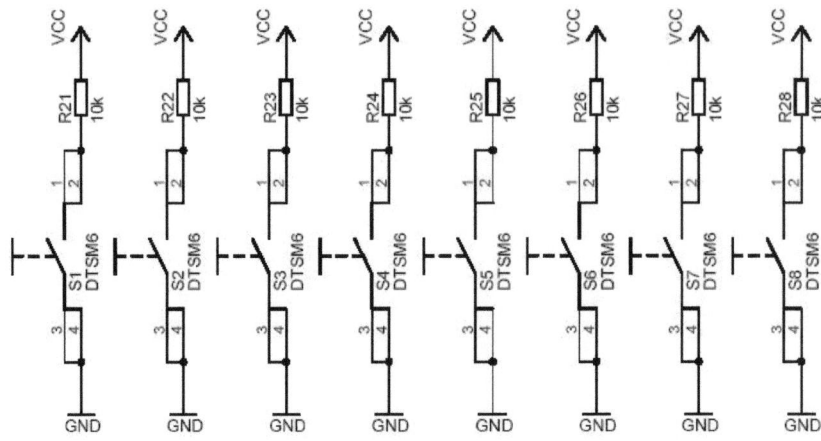

Bild 7 : Taster der PLD Platine

In Bild 7 ist ein Ausschnitt aus dem Schaltplan mit den 8 Tastern, S1 – S8 zu erkennen.
Diese Taster sind über Pullup-Widerstände an das PLD angeschlossen.
Das heißt, wenn der Taster betätigt wird sieht das PLD ein Low-Pegel.
Bei nicht betätigtem Taster wird über ein 10k Ohm Widerstand an das PLD ein High-Pegel angelegt.

4.4 LC-Display inkl. Ansteuerung

Das LC-Display, welches schematisch in Bild 8 dargestellt ist,
ist ebenfalls an das PLD angeschlossen.
Es handelt sich um ein 4x16 Textdisplay mit einem integrierten HD44780 Controller.
Das Display kann direkt auf die PLD Platine aufgesteckt werden und mit den dafür
vorgesehenen Bohrungen befestigt werden.

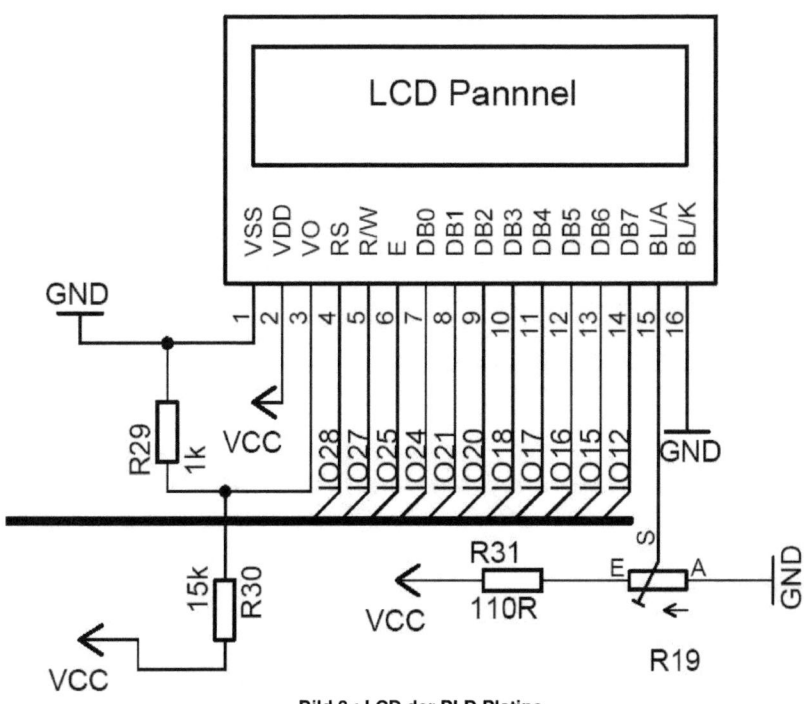

Bild 8 : LCD der PLD Platine

4.5 Anzeige LEDs

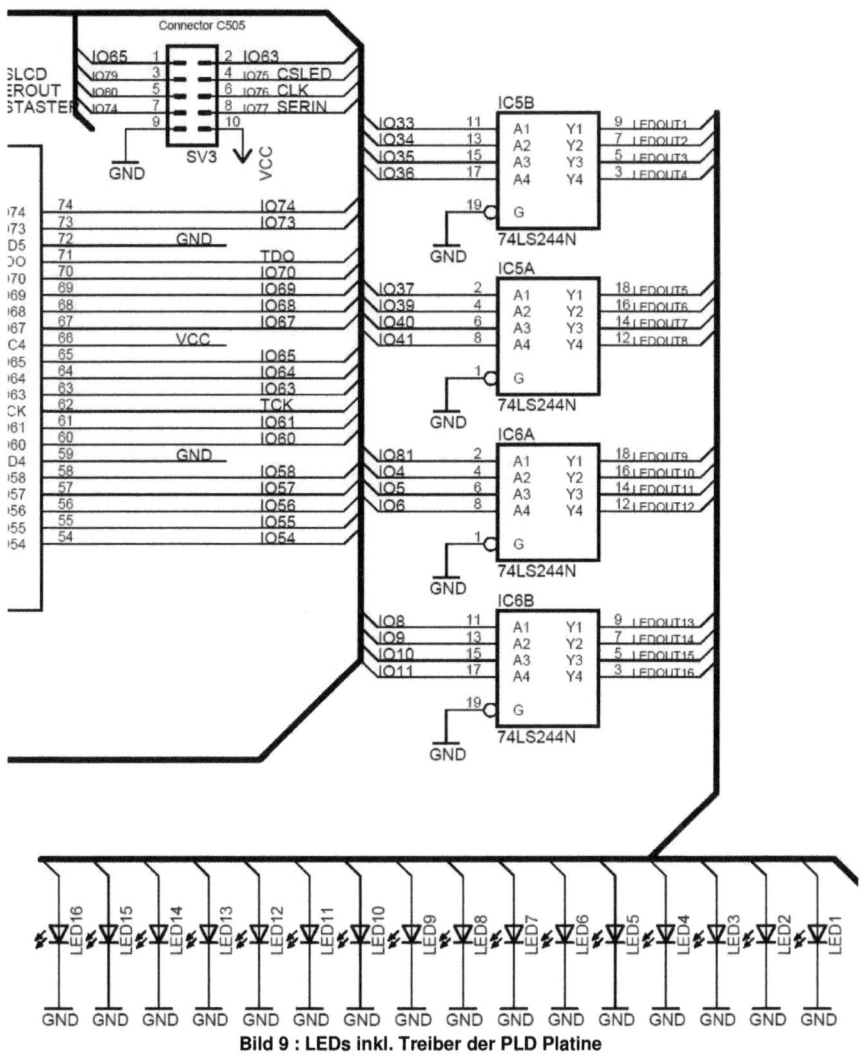

Bild 9 : LEDs inkl. Treiber der PLD Platine

Bild 9 stellt die 16 LEDs dar inkl. Treiber IC5 & IC6. Diese Treiberbausteine werden benötigt da das PLD nicht den Strom liefern kann um ein LED zu treiben. Um eine Überlast der Treiberbausteine zu vermeiden, wurden Low Current LEDs eingesetzt. Diese benötigen lediglich 6mA.

4.6   Stromversorgung der PLD Platine

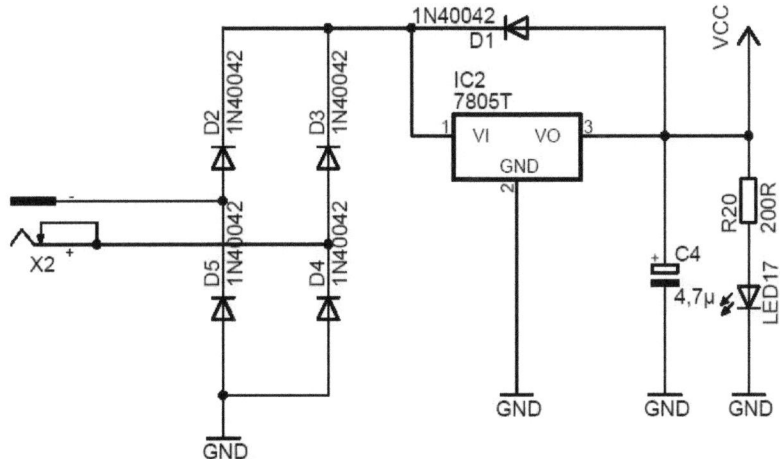

Bild 10 : Stromversorgung der PLD Platine

Bild 10 zeigt die Stromversorgung der PLD Platine.
Diese kann mit 9-18 Volt Gleichspannung betrieben werden.
Die Stromversorgung ist verpolungssicher, da die Dioden D2, D5, D4 und D3 die passende Polarität herstellen.
D1 wird zum Schutz des linearen Reglers IC2(7805) benötigt.
Mit C4 wird die Ausgangsspannung gefiltert und LED17 zeigt das Vorhandensein einer Eingangsspannung an.
An die Buchse X2 können handelsübliche Steckernetzteile mit einem Innendurchmesser von 2,5 mm angeschlossen werden.

4.7   JTAG - Schnittstelle

Damit das PLD nicht zu Programmierung aus der PLD Platine entfernt werden muss, wurde ein JTAG Schnittstelle, in Bild 11 dargestellt, direkt mit auf die Platine gesetzt.

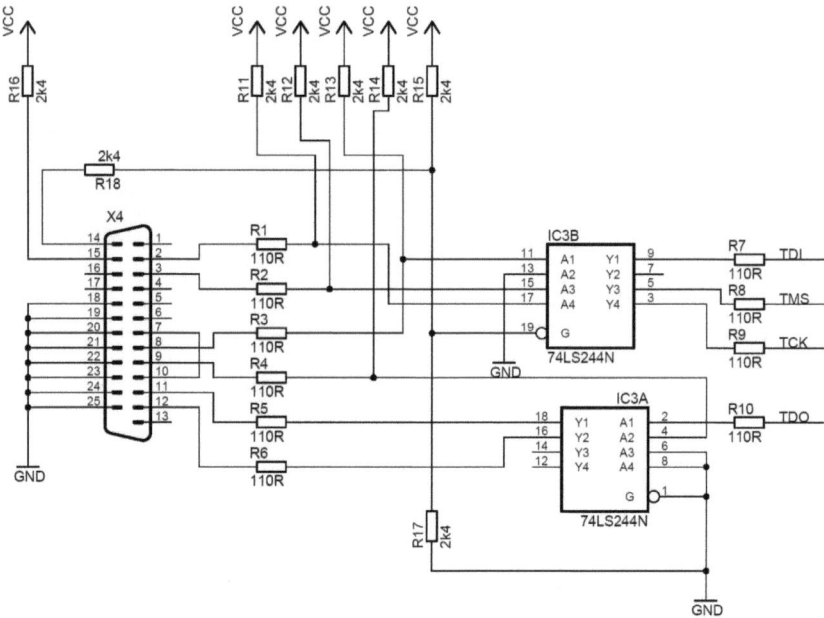

Bild 11 : JTAG Schnittstelle

Mit Hilfe von X4 kann die Platine, über ein paralleles Kabel direkt mir einem PC verbunden werden. Mit der entsprechend Programmiersoftware von Altera Quartus 2 kann das PLD in der Zielhardware programmiert werden.
Die Schaltung entspricht den Vorgaben des ByteBlasters2 von Altera.
In Bild 12 ist ein Blockschaltbild dargestellt. Dies ist der Auszug aus dem Datenblatt von Alteras ByteBlasterII DownloadCabel.

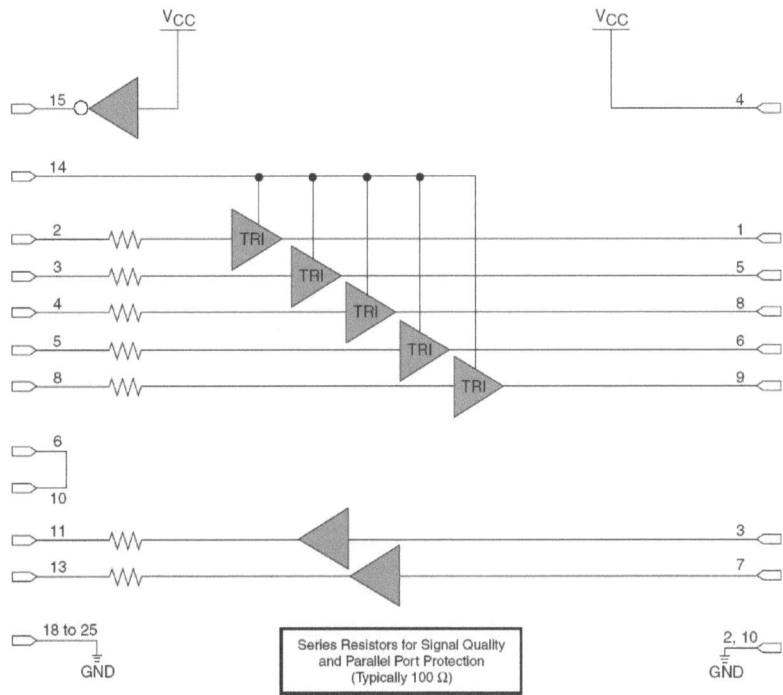

Bild 12: Schaltungsvorschlag Altera JTAG

Nähere Informationen könne aus dem Datenblatt von Altera entnommen werden.
Die Programmierung wird in einem späteren Abschnitt beschrieben.
Der Treiber IC3 wird benötigt, da die meisten parallelen Schnittstellen nicht
genügend Strom liefern können, um selbstständig die Programmierpins des PLD's
treiben zu können.

4.8   Foto PLD Platine mit Beschriftung

Bild 13 : PLD Platine

In Bild 13 ist die komplette PLD Platine zu sehen. Zusätzlich sind sämtliche Anschlusse die relevant sind, beschriftet.

5 Softwaredokumentation des PLD´s

In diesem Abschnitt wird die Software des PLD´s beschrieben.
Diese Software wurde mit Hilfe des von Altera frei verfügbaren Quartus 2 entwickelt.
Mit dieser IDE ist es möglich Software für die von Altera angebotenen PLD´s zu schreiben. Dabei wird die Sprache VHDL unterstützt es ist jedoch auch möglich im so genannten Blockdiagramm zu programmieren.
Dies ermöglicht die Programmierung mit fertigen Funktionsblöcken aus den bekannten IC Reihen zum Beispiel 74HCTusw.
Ebenso unterstützt Quartus 2 die Simulation des Programms sowie auch das endgültige Downloaden des Programms auf die Zielhardware über eine JTAG Schnittstelle.
Damit mit jedem handelsüblichen PC, Software auf das PLD geladen werden kann, benötigt man einen Gerätetreiber für Windows 89/XP/2000.
Diesen kann man ebenfalls bei Altera downloaden.
Eine Installationsanleitung befindet sich auf der entsprechenden Internetseite.

5.1 Öffnen der Projektdaten

Zum öffnen des Projektes muss zunächst Quartus 2 gestartet werden.
Danach kann unter dem Menüpunkt „File" die Option „Open Project" angewählt werden.
Nun muss in das Verzeichnis indem sich die Projektdatei „PldProg.qpf" befindet navigiert werden und dieses Projekt letztendlich mit Doppelklick geöffnet werden.
Nun öffnet sich das Blockdiagramm der Software dies ist in Bild 14 ersichtlich.

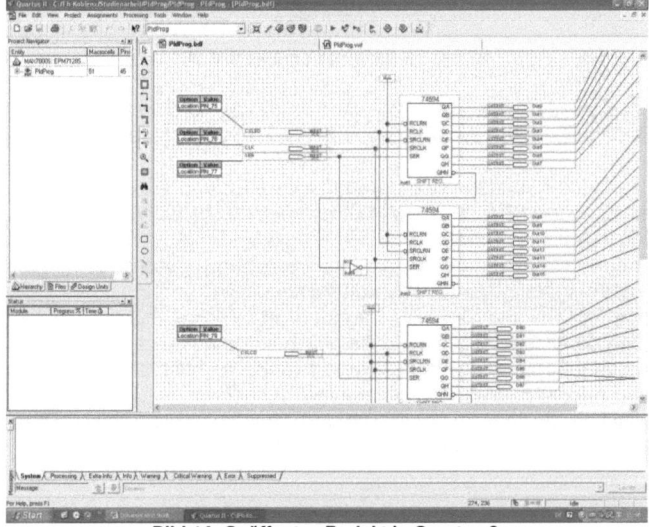

Bild 14: Geöffnetes Projekt in Quartus 2

5.2 Funktion der PLD Software

Die Aufgabe der PLD Software besteht darin, die vom C505C gesendeten seriellen Daten in parallele Daten zu wandeln und diese dann an die zu steuernden Komponenten zu senden. Ebenso ist es die Aufgabe der Software die parallelen Signale der 8 Taster seriell zu wandeln, damit der C505C diese auslesen kann.

Der PLD stellt aber jedoch nur die digitalen Bausteine zu Verfügung. Die eigentliche Ansteuerung und Erzeugung von Taktsignale übernimmt die Software des C505C. In der Software werden auch die I/O Pins des PLD's zugewiesen.
Dabei ist darauf zu achten, dass die JTAG Pins nicht als User I/O Pins verwendet werden.

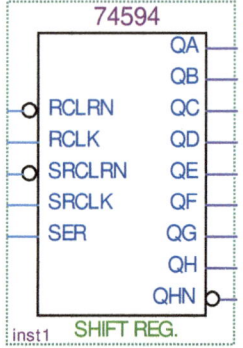

Bild 15 : 8-Bit seriell parallel Wandler

In Bild 15 ist ein serieller paralleler Wandler vom Typ 74597 zu sehen. Mit diesem Funktionsbaustein können die seriellen Daten vom C505C parallel gewandelt werden.
Dies geschieht durch Ansteuerung der Eingänge RCLK, SRCLK und SER.
Dabei ist der Eingang SER der serielle Dateneingang. SRCLK benötigt eine aufsteigende Taktflanke, um den aktuellen Pegel am Eingang SER zu übernehmen.
Mit dem Eingang RCLK werden dann die neu empfangen Daten bei steigender Flanke an die Ausgänge QA-QH übernommen.
Die Eingänge RCLRN und SRCLRN werden nicht benötigt, müssen aber auf VCC gelegt werden damit, dieser Baustein die gewünschte Funktion erfüllt.
An dem Ausgang QHN ist jeweils der negierte serielle Datenstrom vorhanden.
Durch diesen Ausgang ist es möglich mehrere Wandler zu kaskadieren.
Diese Möglichkeit wurde auch verwendet und somit konnte aus zwei 74594´s Bausteinen ein 16 Bit seriell parallel Wandler programmiert werden.

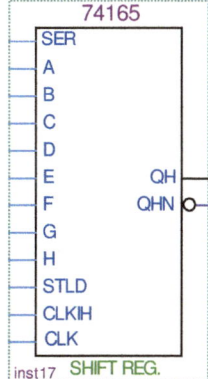

Bild 16 : 8 Bit parallel seriell Wandler

Damit die parallelen Daten der 8 Taster seriell übertragen werden können, werden diese Signale mit Hilfe eines 74165, in Bild 16 ersichtlich, seriell gewandelt.
Die 8 Tastersignale liegen an den Eingängen A-H an. Durch Ansteuern von den Eingängen CLK und STLD werden diese parallelen Daten seriell an dem Ausgang QH ausgeben.

5.3 Downloaden der Software auf das Zielsystem

Um die Software auf das Zielsystem zu laden muss diese erst kompiliert werden.
Dies geschieht durch die Tastenkombination „Strg-L". Nach erfolgreicher Kompilierung müssen das Zielsystem und der PC mit einem 25-poligem parallelen Kabel verbunden werden.
Unter dem Menüpunkt „Tools" muss nun die Option „Programmer" gewählt werden. Es öffnet sich ein neues Fenster und mit dem Start-Button wird die Software auf das Zielsystem geladen.

5.4 Pinbelegung des PLD´s

Da die Pinbelegung des PLD´s frei programmierbar ist wird in der folgenden Tabelle
diese Belegung dargestellt.
Mit Hilfe dieser Tabelle ist es möglich einen schnellen Überblick zu erhalten, welcher
Pin mit welchem Bauelement auf der Hardware verbunden ist.

Tabelle 3 : Pinbelegung des PLD´s

I/O	LED	I/O	LCD
33	1	24	DB0
34	2	21	DB1
35	3	20	DB2
36	4	18	DB3
37	5	17	DB4
39	6	16	DB5
40	7	15	DB6
41	8	12	DB7
81	9	28	RS
4	10	27	R/W
5	11	25	E
6	12	79	CSLCD
8	13	I/O	Taster
9	14	73	1
10	15	70	2
11	16	69	3
75	CSLED	68	4
SERIN	77	64	5
SEROUT	80	60	6
CLK	76	58	7
		56	8
		74	CSTASTER

In Tabelle 3 ist die Pinnummer des PLD´s mit I/O bezeichnet und dahinter steht die
Nummer des Bauelements.

5.5   PLD Software komplett

In Bild 17 ist das Blockdiagramm der PLD Software dargestellt inkl. Pinzuordnung.

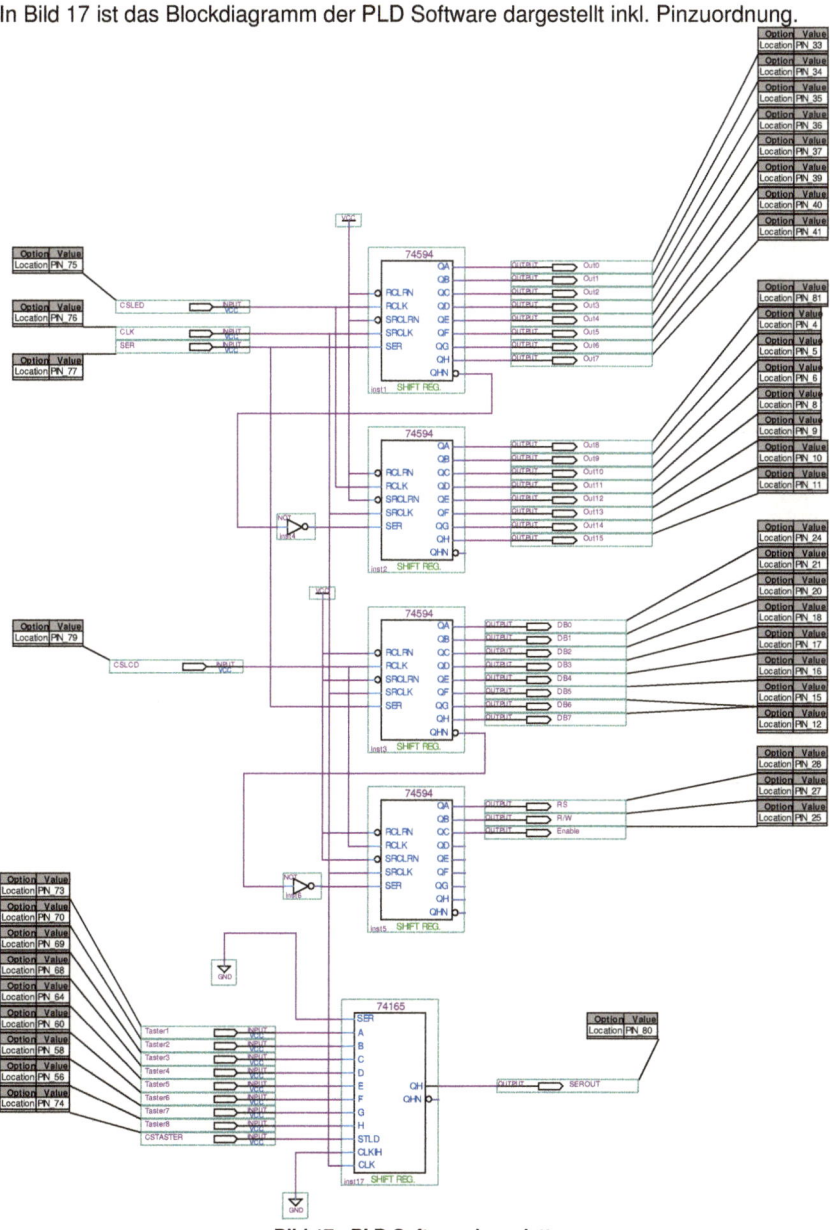

Bild 17 : PLD Software komplett

6 Softwaredokumentation des C505C

In diesem Abschnitt wird die Software des C505C dokumentiert.
Das Downloaden und Kompilieren der Software soll nicht Bestandteil dieser
Dokumentation sein. Da dieses bereits ausführlich in der Dokumentation des C505C
Boards enthalten ist.
In dieser Dokumentation wird aber auf die Softwarestruktur und deren Hintergründe
bei komplexerem Quellcode eingegangen.
Selbstverständliche Dinge werden dabei nicht erläutert, und werden somit
vorausgesetzt.
Ebenso wird eine Auflistung der vorhandenen Module gegeben und deren Beziehung
mit Hilfe von so genannten „Call-Graphen" gegeben.
Eine sehr ausführliche Dokumentation der Software wurde mit Hilfe des Tools
Doxygen erstellt.

6.1 Auflistung der Quelldateien

In Tabelle 4 sind die vorhandenen Quelldateien für dieses Projekt aufgelistet.
Dabei sind nur Headerfiles aufgeführt, welche neu geschrieben worden sind und
nicht zum Compiler gehören.

Tabelle 4 : Quelldateien

C:/Fh-Koblenz/Studienarbeit/C505/CANREG.H
C:/Fh-Koblenz/Studienarbeit/C505/data.h
C:/Fh-Koblenz/Studienarbeit/C505/ident.c
C:/Fh-Koblenz/Studienarbeit/C505/ident.h
C:/Fh-Koblenz/Studienarbeit/C505/LCD.C
C:/Fh-Koblenz/Studienarbeit/C505/LCD.H
C:/Fh-Koblenz/Studienarbeit/C505/led.c
C:/Fh-Koblenz/Studienarbeit/C505/led.h
C:/Fh-Koblenz/Studienarbeit/C505/MAIN.C
C:/Fh-Koblenz/Studienarbeit/C505/MAIN.H
C:/Fh-Koblenz/Studienarbeit/C505/taster.c
C:/Fh-Koblenz/Studienarbeit/C505/taster.h

6.2 Beschreibung von CANREG.H

Das Headerfile CANREG.H besitzt die Definitionen für die verschiedenen
Geschwindigkeitseinstellungen des CAN-Timing Registers, sowie die Definitionen
der CAN Steuer- Kontroll- und der 15 Datenregister.
Dieses File wird benötigt damit der CAN-Controller im C505C, weis wo seine Daten
liegen. Dieses File wird in der MAIN.H eingebunden, was folgender Include-Graph
zeigt.

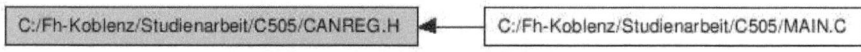

Bild 18 : Include-Graph CANREG.H

6.3 Beschreibung von data.h

In dem Header data.h sind die Datenstrukturen dieser Software aufgeführt.
Es stehen die Datenstrukturen led, taster und lastident zu Verfügung.
Die Datenstruktur led besteht aus 16 Werten „led1-led16" die jeweils 1 Bit groß sind.
In dieser Datenstruktur liegt der Schalzustand der 16 LEDs auf der PLD Platine.
Die Datenstruktur „taster" beinhaltet den Schaltzustand der 8 Taster auf der PLD
Platine. Die Elemente lauten „taster1-taster8" und sind auch jeweils 1 Bit groß.
In der Struktur lastident sind 8 Werte deklariert die jeweils die 8 Identifier des CAN-
BUSES Speichern und der Ausgabefunktion zu Verfügung stellt. Die Datenfelder
„ident1-ident8" sind vom Typ unsigned int.

In Bild 19 wird dargestellt welchem Modul die Datenstruktur bekannt ist.

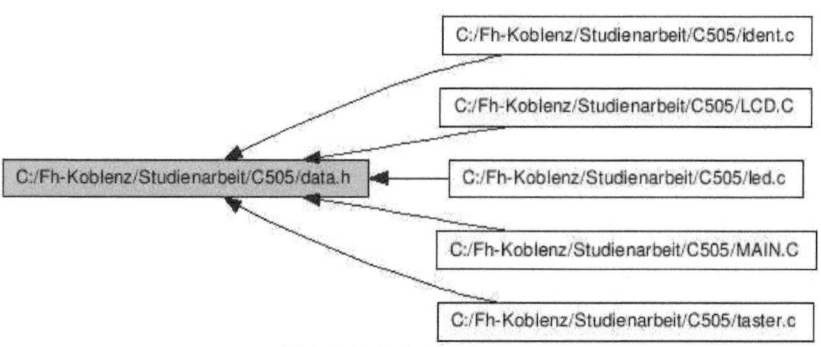

Bild 19 : Include-Graph data.h

6.4   Beschreibung von ident.c

Das Modul ident.c ist verantwortlich für das Setzen der 8 Errorleds, der Identifierled´s sowie das Überprüfen der Identifiers auf dem CAN-BUS.
Dieses Modul verändert dann die entsprechenden Datenstrukturen, es wird aber kein Update auf der Hardware gemacht lediglich die Daten in den Strukturen werden geändert.
Das dazu gehörige Headerfile heißt ident.h.

In Tabelle 5 sind die Funktionen von ident.h zu erkennen.
Ebenfalls sind die Rückgabewerte und die Übergabeparameter ersichtlich.

Tabelle 5 : Funktionen von ident.c

void	lastid (unsigned int incommingident, led *leds, lastident *lcdidentbuffer)
void	errorleds (unsigned int srsave, led *leds)
bit	setlcdidentbuffer (unsigned char countlastident, unsigned int lastidenti, lastident *lcdidentbuffer)

Bild 20 zeigt den Include-Graph von ident.c

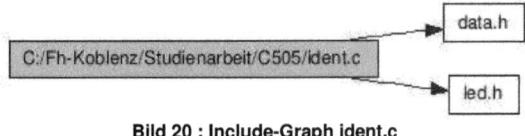

Bild 20 : Include-Graph ident.c

6.5   Beschreibung von LCD.C

In dem Modul LCD.C werden Funktionen zur Steuerung des LC-Displays bereitgestellt.

Der Include-Graph, Bild 21, zeigt die eingebundenen Headerfiles von dem Modul LCD.C

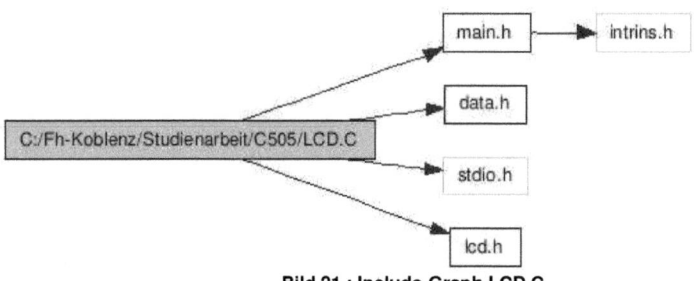

Bild 21 : Include-Graph LCD.C

Das Modul LCD.C stellt 6 Funktionen bereit. Diese sind in Tabelle 6 aufgelistet.

	Tabelle 6 : Funktionen von LCD.C
void	initlcd (void)
void	sendlcddata (unsigned int daten)
void	lcdputchar (unsigned char string)
void	lcdputs (char *s)
void	setxyposition (unsigned char x, unsigned char y)
void	lcdcan (lastident *lcdidentbuffer)

Mit der Funktion initlcd() wird das LC-Display auf der Hardware initialisiert. Die Funktion initlcd() ruft weiter Funktionen auf, welche im Call-Graph, Bild 22, ersichtlich sind.

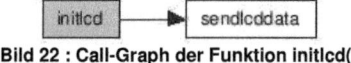

Bild 22 : Call-Graph der Funktion initlcd()

Mit der Funktion sendlcddata() ist es möglich ein 8-bit breites Datenfeld an die
Datenleitungen des LC-Displays zu senden. Dies können Initialisierungsdaten sein
oder auch ein ASCII Zeichen. Das ASCII Zeichen wird dann direkt auf dem LC-
Display dargestellt.
Diese Funktion übernimmt dann das Senden der 8 Bit, indem die Daten seriell and
das PLD gesendet werden.

Mit der Funktion lcdputs() oder aber auch lcdputchar() können einzelen Zeichen oder
auch ganze Zeichenketten an das Display geschickt werden. Diese werden dann
auch dargestellt.
Der Aufbau der Funktion ist identisch mit der Funktion lputs() und putchar() aus der
stdio.h.

Bild 23 : Call-Graph der Funktion lcdputchar()

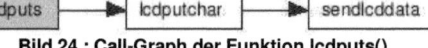

Bild 24 : Call-Graph der Funktion lcdputs()

Mit der Funktion setxyposition() wird der Cursor des LC-Displays verschoben.
Der erste Parameter gibt die X-Position an, dabei sind Werte von 0-15 zugelassen
und der zweite Parameter gibt die gewünschte Zeile an. Beim dem zweiten
Parameter sind werte von 1-4 möglich.
Somit lässt sich der Cursor auf alle Stellen des 4X16 Zeilendisplays fahren.

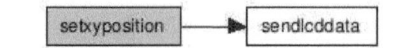

Bild 25 : Call-Graph der Funktion setxyposition()

Mit der Funktion lcdcan() werden die 8 Identifiers, die in der Struktur lastident
enthalten sind auf dem LC-Display ausgegeben. Dafür muss die Funktion aufgerufen
werden und die Adress der passenden Struktur übergeben werden.
Sind noch nicht alle 8 Variablen der Struktur mit einem Identifier gefüllt werden nicht
gefüllte Elemnte der Struktur mit 0x0 angezeigt.

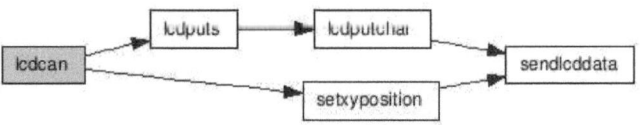

Bild 26 : Call-Graph der Funktion lcdcan()

6.6 Beschreibung von led.c

Das Modul led.c und dessen einzige Funktion switchled() übernimmt das Ein- und Ausschalten der 16 LEDs auf der PLD Platine.
Durch Aufrufen der Funktion switchled() kann durch verschieden Parameter die Leds ein oder ausgeschaltet werden.
Wird die Funktion mit switchled(0, 0, adresse der Datenstruktur) aufgerufen, wird lediglich der aktuelle Inhalt der „led" Datenstruktur aktualisiert. Es kann aber auch mit dieser Funktion direkt ein LED gesteuert werden. Dies geschieht, indem mit dem ersten Parameter der Funktion 0=aus und 1=ein den Schaltzustand wählt und mit dem zweiten Parameter das gewünschte LED 1-16 ausgewählt. Rein formal wird aber die Datenstruktur auch noch mit übergeben, da diese dann in der Funktion aktualisiert wird.

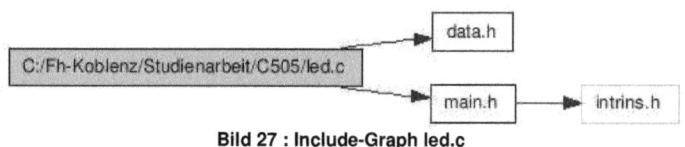

Bild 27 : Include-Graph led.c

6.7 Beschreibung von taster.c

Das Modul taster.c enthält die Funktion readtaster(). Wird diese Funktion aufgerufen und die Adresse der Datenstruktur tasterstate übergeben werden die 8 Taster auf der PLD Platine ausgelesen und der Schaltzustand in der übergebenen Struktur geschrieben. Da die Taster LOW-Aktiv sind wird in der Software negiert. Das bedeutet, wenn ein Element der Struktur den Wert 1 besitzt ist der Taster betätigt. Im unbetätigten Zustand ist der Wert eines Elementes 0.

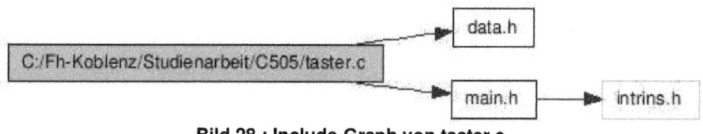

Bild 28 : Include-Graph von taster.c

6.7 Beschreibung von main.c

In dem Modul main.c befindet sich die main-Funktion indem das Programm startet.
In der main-Funktion werden zyklisch die wichtigsten Programmfunktionen
aufgerufen.

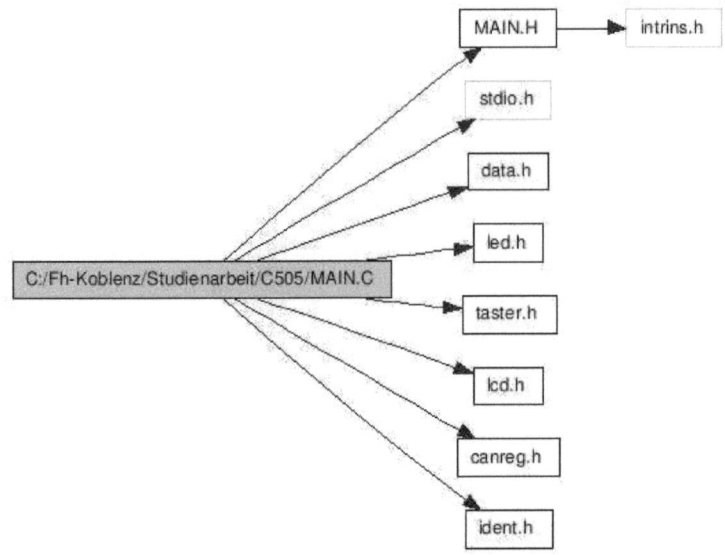

Bild 29 : Include-Graph main.c

Damit alle Funktionen bekannt sind müssen sämtliche Headerfiles eingebunden
werden. Der Include-Graph Bild 29, bietet eine schnelle Übersicht darüber, welche
Headers eingebunden sind.
Als erstes werden die Variablen initialisiert. Das wichtigste dabei ist die Initialisierung
der CAN variablen.

Dies geschieht mit folgendem Programmfragment.

unsigned char pdata canreg[256];

Die Definition der CAN variablen muss unbedingt mit dem Schlüsselwort „pdata"
erfolgen, damit diese Variablen im untersten XDATA Speicherbereich liegen.
Sonst greift der interne CAN Controller im C505C auf falsche Adressen und somit auf
falsche Daten zu.

Des Weiteren wird eine Funktion Project_Init() zu Verfügung gestellt. In dieser
Funktion wird die Hardware sprich C505C Board und PLD Platine initialisiert.

An dem Graphen in Bild 30, ist zuerkennen, das in dieser Funktion der Can-
Controller mittels der Funktion can_init() und mit Hilfe initlcd() das LCD initialisiert
werden.

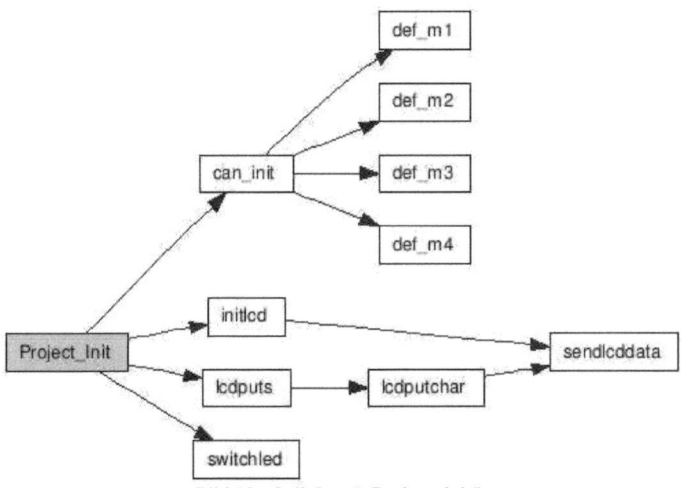

Bild 30 : Call-Graph Project_Init()

Die Funktion can_init() wiederum ruft die Funktionen def_m1() – def_m4() auf.
In diesen Funktionen werden die einzelnen CAN - Message - Objekt initialisiert.
Dabei ist def_m1()-def_m3() die Initialisierung dreier Transmit-Objekte und
das 4 Message Objekt ist ein Objekt welches alle CAN Messages empfängt da das
Arbitrierungsregister auf 0xfff gesetzt ist und somit der Empfang transparent für alle
Identifier ist.

Durch folgenden Code wird das vierte Message Objekt transparenter Empfänger für
alle Identifier:

UAR0_M4 = 0xff; UAR1_M4 = 0xf0;.

Nachdem die Hardware initialisiert worden ist springt das Programm in die endlos
do-while Schleife.
In dieser Schleife werden dann zyklisch die Funktionen zum aktualisieren des LCDs
und der LEDs aufgerufen. Ebenfalls wird die Funktion zum Lesen der Taster und das
lesen der letzten CAN ID die Empfangen worden ist aufgerufen. In der Endlosschleife
sind die if-Bedingungen für die 8 Taster definiert.

Folgende Aktionen werden bei den Tastern ausgeführt.

1. Taster:

Durch die Betätigung des 1. Tasters wird die Baudrate des CAN-Buses umgestellt
Es sind folgende drei Baudraten möglich, und zwar 100, 250 und 1000 kBaud.

2. Taster:

Mit dem zweiten Taster wird der CAN Controller neu initialisiert und das SR Register in dem Controller auf 0x00 gesetzt.

3. Taster:

Mit dem dritten Taster wird lediglich das SR-Register und die variable srsave auf 0x00 zurückgesetzt. Damit werden sämtliche Statusmeldungen des CAN-Controllers auf Null gesetzt. Dies muss manuell geschehen, da der Controller dies selber nicht macht.

4. Taster:

Durch betätigen des Taster 4 wird lediglich ein Test String auf dem LCD ausgegeben.

5. Taster:

Durch betätigen des fünften Tasters wird Message 3 gesendet

6. Taster:

Durch betätigen des sechsten Tasters wird Message 2 gesendet

7. Taster:

Durch betätigen des siebten Tasters wird Message 1 gesendet

8. Taster:

Möchte man alle 3 Messages hintereinander senden kann diese durch betätigen des achten Tasters gesehen.

Zum schnellen Überblick ist auf Seite 33 in Bild 31 der Call-Graph der main-Funktion dargestellt.

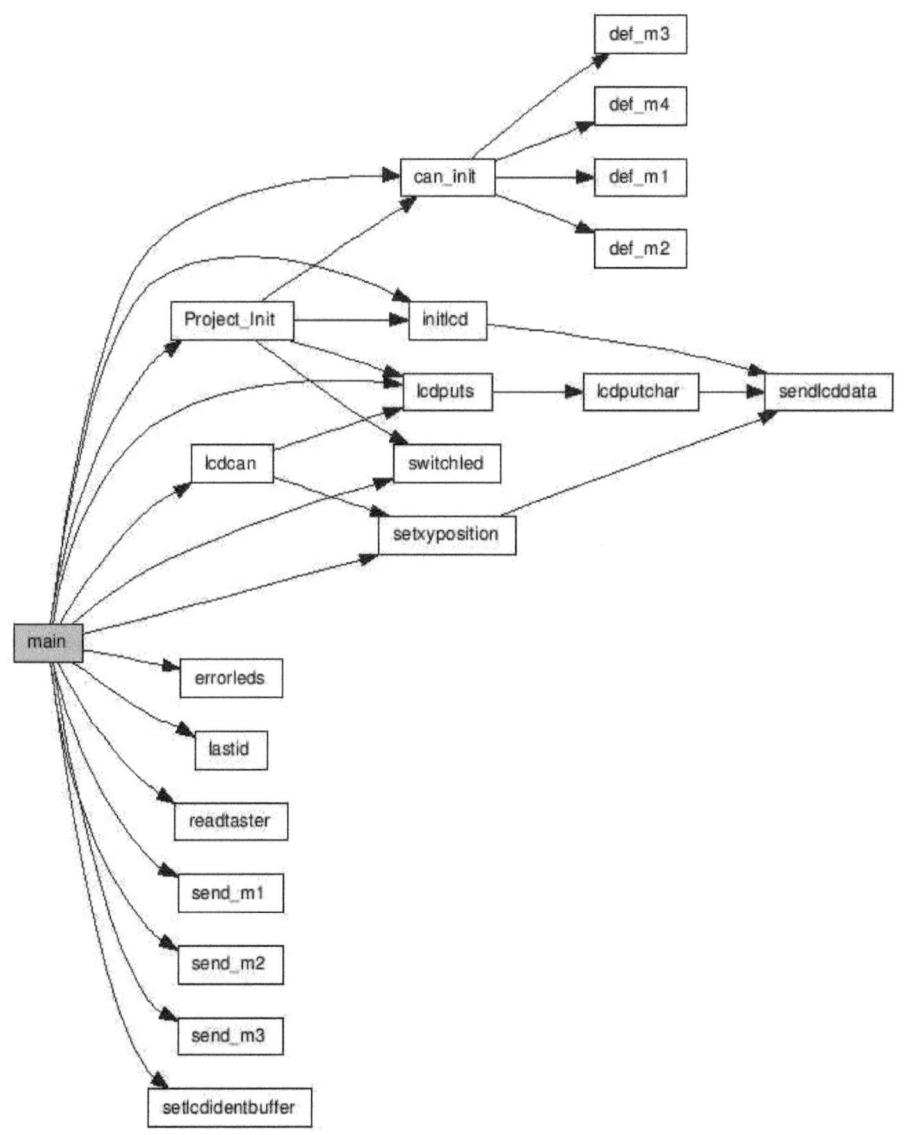

Bild 31 : Call-Graph der Funktion main()

6.8   Beschreibung MAIN.H

In der MAIN.H werden sämtliche Register des C505C deklariert. Ebenso enthält dieses Headerfile die Prototypen der Funktionen aus dem Modul main.c

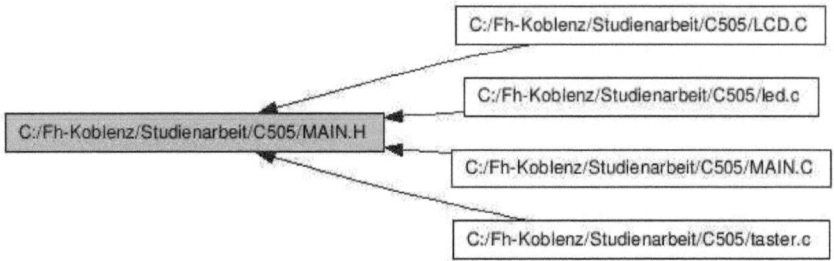

Bild 32 : Include-Graph MAIN.H

In Bild 32 ist der Include-Graph der MAIN.H zu sehen. Dieser zeigt welche Module die Registerdefinitionen des C505C benötigen.

7 Inbetriebnahme der Hardware und Beschreibung

Zur Inbetriebnahme der Hardware wird auf der nächsten Seite dargestellt welche Stiftleisten miteinander verbunden werden müssen.
Es muss die Pfostenwanne P1 vom C505C Board mit dem Stecker SV3 auf der PLD Platine mit einem 10-poligem Flachbandkabel verbunden werden.
Beim C505C Board kann das Flachbandkabel nicht verpolt werden. Auf der PLD Platine ist auch richtige Polung zu achten. Das Flachbandkabel muss mit Pin 1 nach innen gesteckt werden.

An die 9-polige Buchse X3 wird die PLD Platine an den CAN Bus gekoppelt.

Des Weiteren muss die Stiftleiste SV1 Pin 1 und 2 von der PLD Platine mit der Stiftleiste K8 Pin 0 und 1 vom C505C Board verbunden werden.
Auf richtige Polung ist auch hier zu achten. SV1-1 mit K8-0 und SV1-2 mit K8-1 sind zu verbinden.

Ebenfalls müssen die beiden Massen der Platinen verbunden werden, da es sonst zu Fehlfunktionen kommt. Auf beiden Platinen ist ein Anschlussstift für „GND" vorhanden.
Dabei ist aber darauf zu achten, dass auf dem C505C Board nicht versehentlich der Anschluss AGND verwendet wird sondern GND.

Wenn sämtliche Verkabelungen durchgeführt worden sind können beide Platinen mit einem Steckernetzteil verbunden werden.
Dabei ist es empfehlenswert erst die PLD Platine mit Strom zu versorgen und danach das C505C Board. Geschieht dies nicht, bekommt die PLD Platine die Hardwareinitialisierungssequenz nicht mit. Sollte dies so sein genügt eine Betätigung des Resettasters auf dem C505C Board.

Wenn alles richtig verkabelt ist und die Init-Phase richtig abgeschlossen ist erschein auf dem LCD folgende Meldung " Waiting for ID" und alle LEDs auf der PLD Platine sollten nicht aktiv sein.
Nun ist die Hardware betriebsbereit.

Auf der folgenden Seite, in Bild 33, wird nochmals schematisch dargestellt, welche Anschlüsse verbunden werden müssen.

Bild 33 : Anschlussplan der Hardware

7.1 Funktionsbeschreibung der Hardware

Nachdem die Hardware erfolgreich angelaufen ist werden automatisch die empfangenen Identifier gespeichert und auf dem LCD angezeigt.
Zunächst steht im Display „Waitung for ID" dies bedeutet, das noch kein Identifier empfangen worden ist. Wird nun ein erster beliebiger Identifier empfangen wird dieser auf dem Display angezeigt.
Nun verschwindet auch der Text „Waiting for ID" und in Zeile und Spalte 1 des Displays wird der Empfangene Identifier angezeigt. Die restlichen Anzeigen haben dann den Wert 0x00. Dies bedeutet, dass kein zweiter Identifier empfangen wurde.
Werden nun weitere Identifier empfangen ändern sich die Werte von 0x00 auf den Wert des empfangen Identifiers. Sind 8 Identifiers empfangen worden ist der Speicher voll und es können keine neuen Identifier auf dem Display angezeigt werden.
Jedoch befinden sich links und rechts des Display LEDs. Diese dienen dazu den zuletzt empfangen Identifier optisch anzuzeigen. Damit der Speicher wieder gelöscht wird und 8 beliebig andere Identifier empfangen werden können, muss das C505C Board einem Reset unterzogen werden.
Weiter Funktionen sind die Aktionen die mit den 8 Tastern SV1 - SV8 ausgeführt werden können. Diese Funktion wurde bereits in Abschnitt 6.7 beschrieben und kann dort nachgelesen werden.
Des Weiteren ist es möglich mit den Tastern SV9 und SV10 gezielte Kurzschlüsse auf dem CAN-Bus zu erzielen.
Dabei kann mit Taster SV9 auf der Busleitung ein Kurzschluss erzielt werden und mit dem Taster SV10 controllerseitig, also der TTL Pegel von RXD und TXD, kurzgeschlossen werden.

Die acht LEDs die in einer Reihe angeordnet sind dienen zur optischen Darstellung des SR Registers (Statusregister) des CAN-Controllers im C505C.
Dadurch lässt sich jederzeit der Zustand des CAN-Buses kontrollieren.
Dabei ist aber darauf zu achten, dass der CAN-Controller nicht selbstständig diese Bits wieder löscht. Das heißt, wenn ein erfolgreicher Sendevorgang durch LED 13 signalisiert wird kann es durchaus möglich sein, das die zweite Botschaft nicht erfolgreich gesendet worden ist da die LED 13 immer noch angesteuert wird.
Um solche Fehler zu vermieden sollte hin und wieder mit dem Taster 3 das SR Register auf den Wert 0x00 zurückgesetzt werden.
Eine Weitere und letzte Einstellmöglichkeit bietet das Poti, mit welchem man lediglich die Helligkeit des Displays steuern kann.

8 Aussichten und Verbesserungsvorschläge

Da für das Projekt eine begrenzte Zeit zu Verfügung stand sind nicht alle
Möglichkeiten, die die Hardware bietet ausgereizt worden.
Es könnten noch etliche Funktionen implementiert werden und auch einige Hardware
Änderungen sind durchaus sinnvoll.

Zum einem sollte man auf dem C505C Board das Steckverbinderkonzept noch
einmal überdenken. Zurzeit sind lediglich auf der 10-poligen Pfostenwanne jeweils
die 8 I/O Leitungen herausgeführt und die restlichen 2 Pins sind unbelegt. Dort
könnte man noch Masse und VCC herausführen. Dies würde den
Verkabelungsaufwand zur PLD Platine verbessern und die Handhabung erleichtern.
Auch für den Anschluss anderer Platinen wäre dies von Vorteil

Da auf der PLD Platine der Anschluss für den CAN-Bus und für die
Versorgungsspannung getrennt ist könnte man auch eine zusätzliche Pfostenwanne
auf beiden Boards integrieren damit das C505C Board und die PLD Platine mit
einem Flachbandkabel verbunden werden können.
Ebenso sollte über ein 20 MHz Quarz nachgedacht werden um mehr Performance
aus dem System zu holen, da die Speicherzugriffe bei einem großen Speicher
Modell relativ Lange dauern und dadurch der Controller stark gebremst wird.

An der Software für das C505C Board könnte man auch noch einige Dinge
implementieren.
Zum Beispiel könnte man mehrerer empfangen Identifier speichern und diese mit
Hilfe eines IGR´s über eine Scrollendeanzeige darstellen. Die Implementierung eines
IGR´s stellt durch den Einsatz des PLD´s keine größeren Schwierigkeiten dar.
Mit einem IGR könnten dann auch veränderbare Messageobjekte realisiert werden.

9 Quellenverzeichnis

[1]   Lawrenz, Wolfhard: CAN Controller Area Network, 4. Auflage, Hüthig Verlag
        Heidelberg, Heidelberg 2000

[2]   Engels, Horst: CAN-BUS, 2. Auflage, Franzis Verlag GmbH, Poing 2002

[3]   Siemens: Technical Data C505C, Revision 1997-08-01

[4]   Altera: Data Sheet MAX7000 Programmable Logic Device, Rev. 6.7,
        September 2005

[5]   http://www.port.de, 26.05.2006

[6]   http://www.infineon.com/, 26.05.2006

[7]   http://www.keil.com/, 26.05.2006